垃圾分类

实用手册

（通用版）

李湛江　张炜哲　主编

SPM
南方传媒 | 广东科技出版社
全国优秀出版社
· 广州 ·

图书在版编目（CIP）数据

垃圾分类实用手册：通用版 / 李湛江，张炜哲主编. —
广州：广东科技出版社，2022.11（2023.11重印）
ISBN 978-7-5359-7973-5

Ⅰ.①垃… Ⅱ.①李… ②张… Ⅲ.①垃圾处理—手
册 Ⅳ.①X705-62

中国版本图书馆CIP数据核字（2022）第189422号

垃圾分类实用手册（通用版）
Laji Fenlei Shiyong Shouce（Tongyongban）

出 版 人：严奉强
责任编辑：刘晋君　刘锦业
封面设计：彭　力
插　　图：寻小阳
责任校对：于强强
责任印制：彭海波
出版发行：广东科技出版社
　　　　　（广州市环市东路水荫路11号　邮政编码：510075）
销售热线：020-37607413
https://www.gdstp.com.cn
E-mail：gdkjbw@nfcb.com.cn
经　　销：广东新华发行集团股份有限公司
排　　版：创溢文化
印　　刷：广州一龙印刷有限公司
　　　　　（广州市增城区荔新九路43号1幢自编101房　邮政编码：511340）
规　　格：889 mm×1 194 mm　1/32　印张2.5　字数60千
版　　次：2022年11月第1版
　　　　　2023年11月第5次印刷
定　　价：19.80元

编委会

《垃圾分类实用手册(通用版)》

顾　问：刘人怀

主　编：李湛江　张炜哲

副主编：李　薇　莫文艺

编　委：冯海波　刘肖勇　朱　云

　　　　陈必鸣　粟　颖

垃圾分类实用手册（通用版）

序

　　随着我国城市化建设的深入发展，垃圾围城的现象随之出现。垃圾影响景观，制约城市发展，对居民的健康构成严重威胁，也造成了资源的巨大浪费，而垃圾分类和资源回收利用无疑是解决这一棘手问题的重要手段。

　　习近平总书记提出，必须树立和践行"绿水青山就是金山银山"的理念，坚持节约资源和保护环境的基本国策，形成绿色发展方式和绿色生活方式，建设美丽中国，为人民创造良好生产生活环境。《中华人民共和国国民经济和社会发展第十四个五年规划和2035年远景目标纲要》中明确了我国碳排放目标，力争于2030年前碳排放达到峰值，努力争取于2060年前实现碳中和。2021年年底，生态环境部会同17个部门联合印发《"十四五"时期"无废城市"建设工作方案》，提倡建设"无废城市"，如此有助于城市减污、降碳、扩绿、增长协同发展。

　　本书共四章，内容上注重理论与实践的结合，围绕生活垃圾的分类投放、收集、运输、处理等基本知识进行详细阐述，并重点科普了生活垃圾后续的处理方式、回收利用和资源的转换方法。本书旨在向公众科普垃圾分类的基本知识及后端资源回收利用的重要性，让公众了解垃圾分类的意义，并积极、自觉地参与到垃圾分类的行动中来。

　　垃圾分类与生活息息相关，每个人都应从小事做起，为绿色发展增添一份力量，为保护国家环境做出贡献。垃圾分类，人人有责。

刘人怀

2022年6月

目录

一、从垃圾围城到"无废城市" / 01

（一）垃圾围城显危机 / 02

（二）生活垃圾危害大 / 04

（三）全球气候变暖中 / 07

（四）中国减碳在行动 / 09

（五）"无废城市"齐努力 / 11

二、垃圾分类，节能环保 / 13

（一）生活垃圾分四类 / 14

（二）垃圾分类益处多 / 16

（三）可回收物多利用 / 19

（四）有害垃圾免危害 / 38

（五）厨余垃圾资源化 / 40

（六）其他垃圾去焚烧 / 43

三、减少垃圾，从我做起 / 47

（一）垃圾少排放 / 48

（二）垃圾巧利用 / 50

（三）生活垃圾分类实践 / 55

四、国内外垃圾分类经验介绍 / 59

（一）美国垃圾分类经验多 / 60

（二）德国垃圾分类法规严 / 62

（三）日本垃圾分类规定细 / 64

（四）中国垃圾分类劲头足 / 68

一、从垃圾围城 到"无废城市"

（一）垃圾围城显危机

  随着我国社会经济的快速发展、城市化进程的加快和城市人口的增加，城市生产与生活过程中产生的垃圾量也随之迅速增长，垃圾处理设施建设速度跟不上城市发展的速度，很多城市出现了垃圾围城的现象。

垃圾围城

据统计，自2010年以来，我国城市生活垃圾清运量逐年上升，2019年全国337个一线至五线城市的生活垃圾生产量约3.43亿吨。随着我国城镇人口结构的变化，未来几年城市生活垃圾还将出现增长的态势。以上海市为例，按2018年2 424万人口、人均日产1.2千克的生活垃圾计算，上海每天产生2.91万吨生活垃圾，每年产生1 062万吨生活垃圾。上海2天产生的生活垃圾重量相当于一艘5万吨的辽宁号航母，20天的垃圾产量体积相当于上海一座可容纳8万人的体育场。

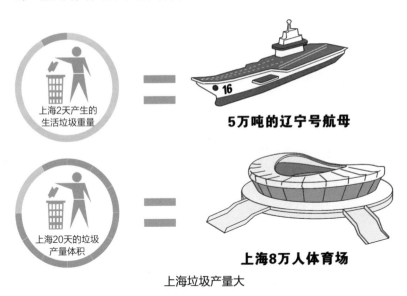

上海垃圾产量大

以广州为例，除去可回收物被回收利用之外，2019年，广州市日均处理生活垃圾2.2万吨，人均每天产生生活垃圾1.15千克。如果我们用大型垃圾车来装1天产生的垃圾，车辆首尾相连，车辆长度可以达到14千米。

　　垃圾不但影响城市景观，制约城市发展，而且对城镇居民的健康构成严重威胁。垃圾已成为城市发展中的棘手问题，若不能将其有效利用，更是资源的巨大浪费。

 （二）生活垃圾危害大

1. 污染土壤、水源和大气

　　自然界是人类社会产生、存在和发展的基础和前提，人类通过社会实践活动有目的地利用自然、改造自然，其行为方式必须符合自然规律。人与自然是相互依存、相互联系的整体，如果人类毫无节制地开发利用自然资源，随意排放垃圾，那么对自然造成的伤害最终也会伤及人类本身。

　　随着社会的高速发展和人类生活水平的提高，地球上产生了越来越多的垃圾，如工业垃圾、生活垃圾、医疗垃圾、建筑垃圾等。而我们每个人都是垃圾的生产者，每天都会制造各种生活垃圾。生活垃圾种类繁多、成分复杂，若随意堆放或简易填埋，易扬尘、散发臭气，有机物、重金属等在地表径流、雨水的淋溶作用和渗透作用下，进入土壤和地下水，对大气、水及土壤环境造成污染；厨余垃圾在厌氧环境下，将会分解产生二氧化碳、甲烷等温室气体，若没有完善的气体收集系统，可能有引发火灾或爆炸的风险；随意焚烧生活垃圾，会排放出颗粒物、酸性气体、重金属与微量有机化合物等，不仅污染环境，而且损害人类身体健康。

垃圾随意排放污染环境

2. 侵占土地

我国生活垃圾的处理方式主要是焚烧发电、生物质处理、卫生填埋。近年来，焚烧发电占比持续提高，但卫生填埋依旧占相当大的比重。据2020年城乡统计年鉴，2020年我国采用的生活垃圾处理方式中，卫生填埋占比33%，焚烧发电占比62%。卫生填埋占地面积大，以广州市白云区的兴丰生活垃圾卫生填埋场为例，填埋区占地面积71.2万平方米，相当于1 700个篮球场。

垃圾随意排放侵占土地

3. 浪费资源

生活垃圾本身具有一定的资源属性，其中不少垃圾能转化为资源，如：废弃食物、草木可以堆肥，生产有机肥料；垃圾焚烧可以发电、供热；报纸被送到造纸厂，可以生产再生纸；等等。我们应充分回收生活垃圾中可回收利用的部分，以减少资源浪费。

4. 影响市容和环境卫生

垃圾随意倾倒和丢弃，各种垃圾夹杂在一起，不但增加垃圾清运处理的难度，而且也影响市容市貌和环境卫生。特别是装修垃圾与生活垃圾混合丢弃，夜间大排档的食物残渣、零食包装、酒瓶、饮料瓶等随意丢弃，严重影响城市环境卫生。

 （三）全球气候变暖中

人类社会进入工业文明时期后，发展模式高度依赖物质资源的投入，出现大量的碳排放、能源消耗和生态环境问题，导致全球气候变暖、化石能源出现危机，工业文明发展方式不可持续。

全球气候变暖会导致冰川融化、海平面上升等，引发海洋生态安全问题；同时，由于温度不断升高，不同作物的生长周期产生变化，农业产量受到影响。另外，全球气候变暖使水资源与生态系统出现结构性变化，影响水量和水质，甚至威胁到物种多样性；气候的不稳定性也使得世界疾病分布格局发生重大变化……全球气候变暖对日常生活的影响日渐凸显，极端气候事件呈现日益频繁、范围广、持续时间长的趋势。

气候变化已成为当今人类社会面临的重大全球性挑战。这将逐渐成为制约人类生存与可持续发展的瓶颈，而提高适应气候变化的韧性是最现实和最紧迫的任务。

绿色中国

（四）中国减碳在行动

1. 碳达峰和碳中和目标

2020年9月22日，中国国家主席习近平在第七十五届联合国大会上提出："中国将提高国家自主贡献力度，采取更加有力的政策和措施，二氧化碳排放力争于2030年前达到峰值，努力争取2060年前实现碳中和。"

碳达峰和碳中和的目标是为积极应对气候变化这个全球性重大挑战而提出的，它不但是我国实现可持续发展的内在要求和加强生态文明建设、实现美丽中国目标的重要抓手，而且是我国作为负责任大国履行国际责任、推动构建人类命运共同体的责任与担当。

实现碳达峰、碳中和也是当前全球竞争的核心所在。碳中和的背后是技术和经济的竞争。这将引领各国新一代技术的研发，未来一段时间全球将进入一个能源、工业、交通、建筑等领域的技术变革时代。在确保安全的前提下，抢抓碳达峰、碳中和重大战略机遇，不断优化产业存量，全面做优产业增量，走中国特色的新型工业化城镇化道路，推动我国产业结构全面优化升级，确保碳达峰、碳中和目标如期实现。

2. 什么是碳达峰和碳中和

碳达峰是指二氧化碳年总量的排放在某一个时期达到历史最高值即峰值，达到峰值之后逐步降低。碳中和是指将人类社会经济活动所必需的碳排放，通过植树造林和其他人工技术或工程加以捕集利用或封存，从而使排放到大气中的二氧化碳净增量为零。

3. 如何实现碳达峰和碳中和目标

实现碳达峰、碳中和目标的根本前提是生态文明建设，深入树立"绿水青山就是金山银山"的生态文明理念，推动从传统的工业化模式向生态文明绿色发展模式转变。同时，还可以通过改变能源结构，控制化石燃料使用量，增加清洁可再生能源使用比例，提高能源使用效率等手段，控制温室气体排放；通过植树造林和固碳技术等增加温室气体的吸收，从而加快碳达峰的进程，促进碳中和目标的实现。

为了实现碳达峰和碳中和目标，我国出台了一系列的政策和措施，在《中华人民共和国国民经济和社会发展第十四个五年规划和2035年远景目标纲要》中明确了碳排放目标。"十四五"时期经济社会发展主要目标包括："生产生活方式绿色转型成效显著，能源资源配置更加合理、利用效率大幅提高，单位国内生产总值能源消耗和二氧化碳排放分别降低13.5%、18%，主要污染物排放总量持续减少，森林覆盖率提高到24.1%，生态环境持续改善。"

（五）"无废城市"齐努力

1. 什么是"无废城市"

"无废城市"是一种先进的城市管理理念，"无废城市"不是指没有固体废物产生，也并不意味着固体废物能完全被资源化利用，而是指以新发展理念为引领，通过推动形成绿色发展的生活方式，持续推进固体废物源头减量和资源化利用，最大限度地减少填埋量，将固体废物对环境的影响降至最低的城市发展模式。"无废城市"建设有助于减污、降碳、扩绿、增长协同推进。

"无废城市"建设的远景目标是最终实现整个城市固体废物产生量最小、资源化利用充分和处置安全。

2. 如何实现"无废城市"

2021年年底，生态环境部会同17个部门联合印发《"十四五"时期"无废城市"建设工作方案》（以下简称"方案"）。方案的工作目标：推进100个左右地级及以上城市开展"无废城市"建设，到2025年，实现"无废城市"固体废物产生强度较快下降，综合利用水平显著提升，无害化处置能力有效保障，减污降碳协同增效作用充分发挥，基本实现固体废物管理信息"一张网"，固体废物治理体系和治理能力得到明显提升等。

"无废城市"建设需要与相关工作一体谋划、一体部署、一体推进；要与深入打好污染防治攻坚战的相关要求结合，协同推进水、大气、土壤污染治理，促进攻坚战拓宽治理广度、延伸治理深度；要与碳达峰、碳中和等国家重大战略相结合，以实现减污、降碳、协同增效为总抓手，协调推进工业、农业、生活领域绿色低碳发展，推动形成绿色发展方式和绿色生活方式。

二、垃圾分类，
节能环保

（一）生活垃圾分四类

生活垃圾是指在日常生活中或者为日常生活提供服务的活动中产生的固体废物，以及法律、行政法规视为生活垃圾的固体废物。

垃圾分类，低碳生活

2019年10月18日，国家市场监督管理总局、中国国家标准化管理委员会发布了《生活垃圾分类标志》（GB/T 19095—2019），于2019年12月1日实施。

可回收物（Recyclable），指适宜回收利用的生活垃圾，包括纸类、塑料、金属、玻璃、织物等。

| 玻璃 | 金属 | 塑料 | 纸类 | 织物 |

可回收物

有害垃圾（Hazardous Waste），指列入《国家危险废物名录》中的家庭源危险废物，包括灯管、家用化学品、电池等。

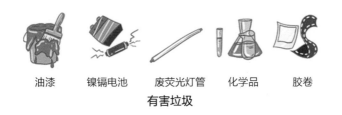

| 油漆 | 镍镉电池 | 废荧光灯管 | 化学品 | 胶卷 |

有害垃圾

厨余垃圾（Food Waste），指易腐烂的、含有机质的生活垃圾，包括家庭厨余垃圾、餐厨垃圾、其他厨余垃圾等。

| 过期面包 | 果皮 | 腐烂蔬菜 | 食物残渣 |

厨余垃圾

其他垃圾（Residual Waste），指除可回收物、有害垃圾、厨余垃圾以外的生活垃圾。

卫生纸　　　宠物粪便　　　　碎罐　　　　烟头　　　　碗筷

其他垃圾

● 巧记顺口溜

认清四色垃圾桶，垃圾分类要清楚。蓝色大桶可回收，变废为宝好选择；红色大桶装有害，危险废物它收集；绿色大桶装剩菜，变成肥料来灌溉；灰色大桶装其他，焚烧填埋处理法。垃圾分类靠大家。

 （二）垃圾分类益处多

1. 提高生活垃圾处理效率

垃圾分类处理改变了传统垃圾收集和处置的方式，是一种有效应对垃圾日益增多的科学管理方法。在减少垃圾的同时，既保护了环境、节约了资源，也提高了资源利用率。

2. 源头减量和资源循环利用

中研产业研究院2019年9月发布的《2019—2025年中国垃圾分类处理行业发展前景及投资风险预测分析报告》显示，目前全国有237个城市已启动垃圾分类，实施垃圾分类回收后能有效从源头减少垃圾排放量，提高资源利用率。有资料显示：1吨废钢铁可炼900千克好钢；1吨废塑料可回炼300千克无铅汽油或柴油；1吨废玻璃能造出2万个容量为500毫升的玻璃瓶；1吨易拉罐熔结成1吨很好的铝块，可少开采20吨铝矿。垃圾分类回收再利用可以变废为宝。

垃圾回收再利用

3. 提高公众环保意识和文明素养

通过对垃圾分类的大力宣传和深入实施，周围环境逐渐变好，公众的环保意识和文明素养得到显著提高，这更好地推动了垃圾分类的开展。

4. 推动生态文明建设

垃圾分类能有效减少垃圾对环境的污染，它是生态文明建设中的重要组成部分，与每个人都息息相关。与其为子孙后辈留下金山银山，不如留下绿水青山。

通过垃圾分类，回收再利用可回收物、生化处理餐厨垃圾、安全处置有害垃圾、焚烧处理其他垃圾，可最大限度地减少环境污染和土地侵占。

垃圾分类，保护环境

（三）可回收物多利用

可回收物，是指适宜回收利用的生活垃圾，主要包括：纸类、塑料、玻璃、金属、织物、电器电子产品等。

1. 废纸如何回收利用

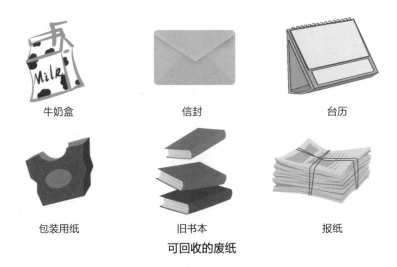

牛奶盒　　　　　信封　　　　　台历

包装用纸　　　　旧书本　　　　报纸

可回收的废纸

（1）可回收的废纸，是指未被沾污或污染的文字用纸、包装用纸和其他纸制品等，如旧书本、报纸杂志、办公用纸、广告纸片、纸箱、信封、卷纸芯、挂历、台历、包装纸、包装盒等。

特别提醒：餐巾纸、卫生纸、纸尿裤、卫生巾、复写纸、条码纸、便笺纸、糖果纸、贴画纸、一次性纸杯、一次性纸碗、方便面纸盒、墙纸等是不可回收的废纸。

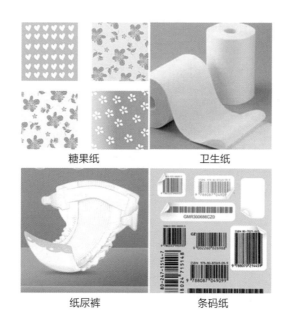

糖果纸 　　　　　卫生纸

纸尿裤 　　　　　条码纸

不可回收的废纸

（2）投放方式：报纸、书本叠放整齐，纸箱去掉封口胶带再拆解压扁、捆绑整齐后投放进可回收物垃圾箱，也可以卖给废品回收站。

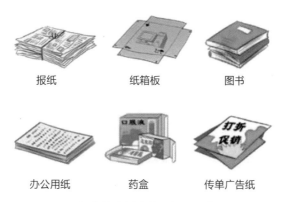

报纸 　　　　纸箱板 　　　　图书

办公用纸 　　　　药盒 　　　　传单广告纸

可回收的废纸应处理好再回收

（3）废纸的再利用。

①制造再生纸。1吨废纸可生产品质良好的再生纸约850千克，相当于节省木材3立方米，同时节水100立方米，节省化工原料300千克，节省煤1.2吨，节电600度（千瓦时），按生产2万吨办公用再生纸计算，一年可节省木材7万立方米，相当于保护52万棵大树，或者增加5 200亩（1亩＝1/15公顷）森林。

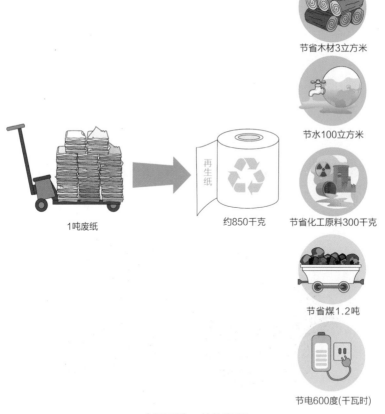

节省木材3立方米

节水100立方米

节省化工原料300千克

节省煤1.2吨

节电600度(千瓦时)

1吨废纸   约850千克

废纸再造，节约资源

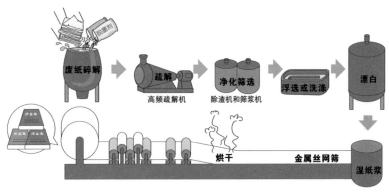

再生纸制造工艺

②制造纸浆模塑制品。纸浆模塑制品可用于产品的内包装，可替代发泡塑料。纸浆模塑是以纸浆料为原料，用带滤网的模具，在压力（负压或正压）、时间等条件下使纸浆脱水、纤维成型而生产出所需产品的加工方法。目前，法国、美国、日本、加拿大等国家的纸浆模塑业均已具备相当规模。在一些工业发达的国家，纸浆模塑制品在工业产品包装领域所占比重已高达70%，其中绝大部分使用的原料为100%的废纸浆。我国纸浆模塑制品在工业产品包装领域所占比重仅为5%。

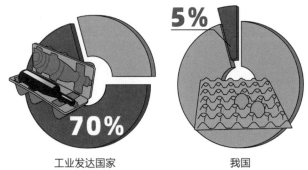

工业发达国家　　　　　我国

纸浆模塑制品在工业产品包装领域的占比图

③制造日用品或工艺专用品。难处理的废纸可通过破碎、磨制、加入黏结剂和各种填料后再成型，可用于生产香皂盒、鞋盒、隔音纸板、装置纸。

难处理的废纸再造新用途

④制造土木建筑材料。废纸可用于制造隔热保温材料或复合材料、灰泥材料等。

⑤用于园艺及农牧业生产。废纸打浆后制成小花盆；用于农牧生产中可改善土壤质量。

⑥制造生物燃料。废纸中含有较高的生物质纤维素，通过纤维素酶水解和微生物发酵可生产出生物燃料——乙醇。

2. 废塑料如何回收利用

（1）可回收的废塑料，是指未被沾污或污染的塑料制品，如饮料瓶、矿泉水瓶、洗发沐浴露瓶、食用油桶、塑料奶瓶、塑料碗盆、泡沫塑料等。

干净的塑料袋　　饮料瓶　　干净的塑料碗盆　　洗发沐浴露瓶　食用油的桶　塑料奶瓶

可回收的废塑料

（2）投放方式：塑料容器应清空、洗净，去除标签，压扁后投放进可回收物收集容器，也可以卖给废品回收站。

废塑料容器回收

（3）废塑料的再利用。

①制造相似再生品。将塑料垃圾重新加工成与初始的塑料制品性能相似的产品。

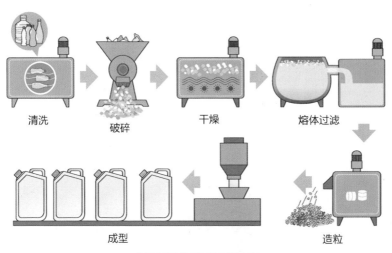

清洗　　破碎　　干燥　　熔体过滤

成型　　　　　　　　　　　　　造粒

废塑料回收利用工艺流程

②制造其他塑料制品。将塑料垃圾加工成与初始产品性能不同的塑料制品或者将塑料垃圾与其他塑料原料混合后重新加工成塑料制品。

③制造化工原材料。将塑料垃圾转化为燃料或者化工原材料，如塑料裂解油、炭黑、可燃气体、建筑屋面防水剂、内外墙高级涂料、纸张涂饰剂、印刷黏合剂等化工产品。

④能源转化。将塑料垃圾转化为能源。塑料垃圾通过生物降解、热解、液化、氧化等技术，可以变成电力和氢气燃料。

3. 废玻璃如何回收利用

（1）可回收的废玻璃，是指未被沾污或污染的有色或无色玻璃制品，如花瓶、酒瓶、调味瓶、玻璃杯、门窗玻璃、茶几玻璃、玻璃工艺品、碎玻璃等。

可回收的废玻璃

（2）投放方式：玻璃容器应清空、洗净后投放，碎玻璃应用纸或布包裹后投放进可回收物收集容器，也可以卖给废品回收站。

（3）废玻璃的再利用。

①保持原样，重复利用。目前，玻璃瓶包装的重复利用范围主要为低值、量大的商品包装玻璃瓶，如啤酒瓶、汽水瓶、酱油瓶、食醋瓶及部分罐头瓶等。

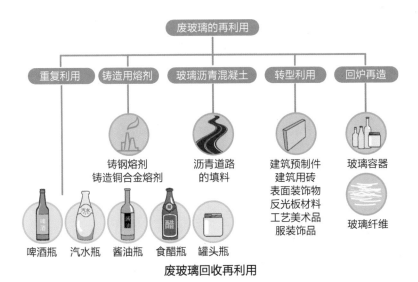

废玻璃回收再利用

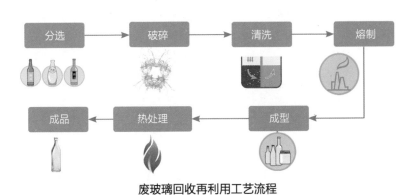

废玻璃回收再利用工艺流程

②作为铸造用熔剂。碎玻璃可作为铸钢和铸造铜合金熔炼的熔剂，起覆盖溶液、防止氧化作用。

③制造玻璃沥青混凝土。将废玻璃用于制作沥青道路的填料——玻璃沥青混凝土，将玻璃、石子、陶瓷混合使用，无须进行颜色分选。用玻璃沥青混凝土作为沥青道路的填料相较于其他

材料具有以下优点：提高路面抗滑性能，耐磨损，提高路面反光度，增强夜间可视效果。目前，美国和加拿大已经采用此方法。

④制造建筑制品。将粉碎的玻璃与建筑材料混合，制成建筑预制件、建筑用砖等建筑制品。粉碎的玻璃还可用来制造建筑物表面装饰物、反光板材料、工艺美术品材料、服装饰品等，塑造良好的视觉效果。

⑤制造其他玻璃制品。将回收的玻璃进行预处理后，回炉熔融制成玻璃容器、玻璃纤维等。

4. 废金属如何回收利用

（1）可回收的废金属，是指未被沾污或污染的金属制品，如易拉罐及金属制包装盒（罐）、铁钉、不锈钢餐具、废旧电线、金属元件、金属衣架、刀具刀片等。

可回收的废金属

（2）投放方式：易拉罐及金属制包装盒（罐）应清空后投放，尖锐金属制品需用纸或布包裹后投放进可回收物收集容器，也可以卖给废品回收站。

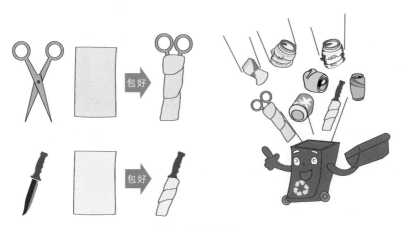

废金属投放前处理

（3）废金属的再利用。

①制造其他金属制品。废金属需要分类收集进行处理，并通过不同的处理技术使其得以被再次利用。回收一个废弃的铝制易拉罐要比制造一个新易拉罐节省20%的资金，同时还可节约90%～97%的能源。回收1吨废钢铁可炼得900千克好钢，与用矿石冶炼相比，可节约成本47%，同时还可减少空气污染、水污染和固体废弃物。

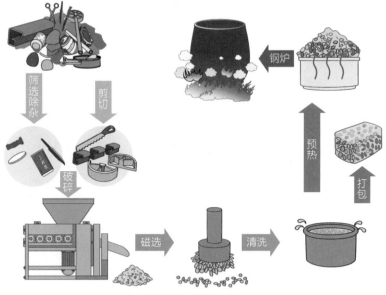

废金属回收再利用工艺流程

②制造工艺品。

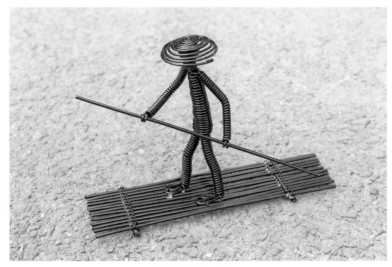

废金属做成工艺品

5. 废旧织物如何回收利用

（1）可回收的废旧织物，是指未被沾污或污染且有回收利用渠道的纺织制品，如衣物、床上用品、布艺用品等。

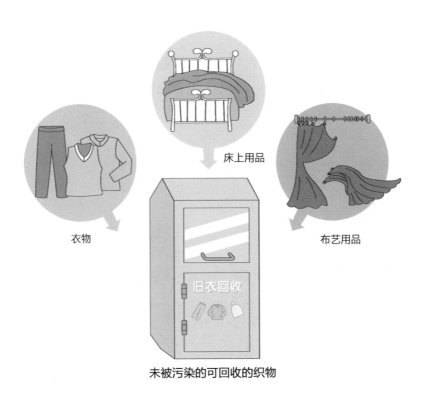

床上用品

衣物

布艺用品

未被污染的可回收的织物

（2）投放方式：废旧织物优先赠送给有需要的人，或清洗后投进专门的衣物回收箱、旧衣物回收点。

废旧织物的投放

（3）废旧织物的再利用。

①制造保温、隔热、隔音材料。首先进行消毒，再将织物进行剪切或撕破处理，最后制成农业保温材料、工业隔热材料、隔音材料等。

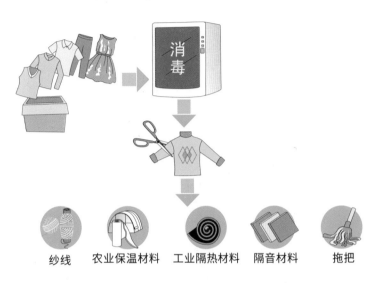

| 纱线 | 农业保温材料 | 工业隔热材料 | 隔音材料 | 拖把 |

废旧织物回收再利用

②用于火力发电。此方法适用于不能再循环利用或无回收渠道的废旧织物。将其中热值较高的化学纤维通过焚烧转化为热能，用于火力发电。

6. 废弃电器电子产品如何回收利用

（1）可回收的废弃电器电子产品，包括空调、洗衣机、电视机、冰箱、电磁炉、电饭锅、烤箱、抽油烟机、消毒柜、音箱、手机、电脑等。

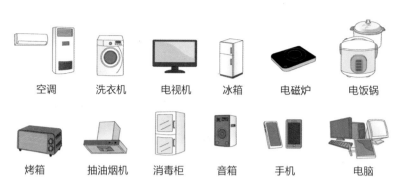

空调	洗衣机	电视机	冰箱	电磁炉	电饭锅

烤箱	抽油烟机	消毒柜	音箱	手机	电脑

可回收的废弃电器电子产品

（2）投放方式：不可将废弃电器电子产品拆开投放，需将整机直接交给有资质的企业进行回收利用。

废弃电器电子产品应交由有资质的企业回收

（3）废弃电器电子产品的再利用。

拆解废弃电器电子产品和提取其中有用材料的过程较为复杂，对技术水平和环保要求均较高，若不能妥善处理，则会对土壤、水环境造成巨大危害。同时，这类产品又含有贵金属等稀有材料，值得加强回收利用。废弃电器电子产品一般会被送到有资质的公司进行拆解处理，塑料、铜、铁等可回收利用的材料会卖给相关企业再利用。目前我国稀有金属分选的精度和深度不足，亟须提升高质量循环利用能力。据中国家用电器研究院估算，2021年我国电器电子产品理论报废量约为8.06亿台。

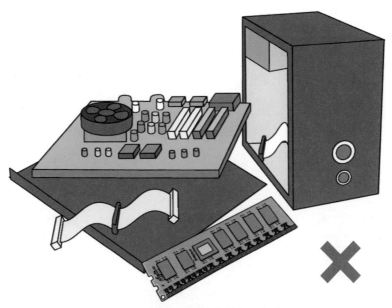

不可将报废的电脑主机箱拆开投放

为了规范废弃电器电子产品的回收处理活动，促进资源综合利用和循环经济发展，保护环境，保障人体健康，国家在2011年开始实施《废弃电器电子产品回收处理管理条例》。其主要内容包括：引导废弃电器电子产品流入规范化拆解企业；保障手机、电脑等电子产品回收利用全过程的个人隐私信息安全；强化科技创新，鼓励新技术、新工艺、新设备的推广应用，支持规范拆解企业工艺设备提质改造，推进智能化与精细化拆解，促进高值化利用。

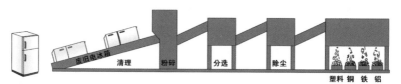

废旧电冰箱回收再利用工艺流程

据统计，平均一台冰箱可回收9千克塑料、0.6千克铝、38.6千克铁和1.4千克铜，利用这些物质可以再造45个塑料储物盒、50个易拉罐及多个哑铃和铜条等。

7. 废旧木制品如何回收利用

（1）废旧木制品属于大件垃圾，包括木沙发、木床、木桌凳、木茶几、木衣柜、木鞋柜、木电视柜、木门等。

木柜　　　　　　木床　　　　　　木桌

木茶几　　　　　木椅　　　　　　木沙发

可回收再利用的废旧木制品

（2）投放方式：预约再生资源回收站（点）、物业服务公司或生活垃圾分类收集单位回收，或投放指定场所。

（3）废旧木制品的再利用。

①翻新再用。如果是质地比较好的木质家具，经过加工维修后可进行翻新售卖。

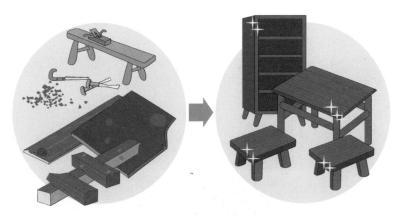

废旧木制品的回收再利用

②制造工艺品。

木雕工艺品

③制造蜂箱或快递打包木架。随着国内物流业的快速发展，快递打包木架需求旺盛。

④制造纸、复合板材等。废旧木制品可用来造纸、生产蘑菇，加工成颗粒用作树林和花园里用的地面覆盖物，或者将颗粒再加工利用做成复合板材。

⑤用作燃料。

 （四）有害垃圾免危害

1. 有害垃圾的投放与收集

（1）有害垃圾，是指对人体健康或者自然环境造成直接或者潜在危害的物质，主要包括家用化学品、电池、灯管，如镍镉电池、油漆及油漆桶（不含水性漆）、消毒剂、杀虫剂、农药及其包装物、荧光灯管含汞血压计、含汞温度计、X光片、胶片、相纸、水银温度计等。

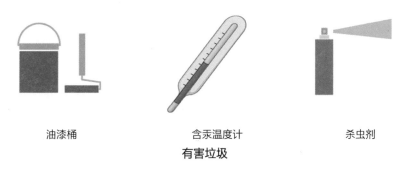

油漆桶　　　　　　　含汞温度计　　　　　　　杀虫剂
有害垃圾

（2）投放方式：不要弄破其容器或包装物；易碎或含有液体的有害垃圾应连带包装或包裹投放，防止破损或渗漏；杀虫剂等压力罐应轻投轻放，不能挤压。有害垃圾应投入红色垃圾收集容器。

（3）收集方式：可以预约回收或巡查回收等。

2. 有害垃圾处理

有害垃圾占生活垃圾的比例非常小，不足1%，但是它会影响人体健康，造成环境污染。集中收集后的有害垃圾需交由有危险废物经营许可证的企业处理。

有害垃圾临时收集点　　　定时清运　　　　有资质单位安全处理

有害垃圾处理全流程

（五）厨余垃圾资源化

1. 厨余垃圾分类收集

（1）厨余垃圾，是指易腐烂的、含有机质的生活垃圾，包括家庭厨余垃圾、餐厨垃圾、其他厨余垃圾等，如菜梗菜叶、动物内脏、米面粗粮、瓜果皮核、肉蛋食品、豆制品、水产食品、碎骨、汤渣、糕饼、糖果、风干食品、茶叶渣、咖啡渣、中药渣、宠物饲料、鲜花等。

（2）投放方式：厨余垃圾投放前应去除塑料袋、纸盒等包装物，最好滤干水分后投入绿色厨余垃圾收集容器。目前，广州市实行定时定点投放厨余垃圾。

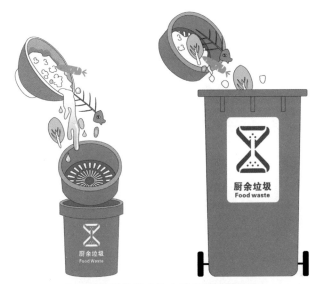

厨余垃圾投放前应先去除包装物并滤水

2. 厨余垃圾处理

厨余垃圾含水率高、易腐坏，如长期堆放，不但容易滋生蚊虫，而且其渗沥液可通过地表径流和向地下渗透等方式污染地表水和地下水，对环境造成污染。为减少环境污染并加以资源化利用，目前主要采用资源转化方式对其进行处理。

厨余垃圾定时定点投放　　　　定时清运　　　　生物质处理厂

厨余垃圾定时定点投放与收集处理

厨余垃圾资源化转换方法可概括为三大类：生物转换、动物转换和物理化学转换。生物转换以厌氧沼气发酵、好氧堆肥发酵和厌氧加好氧联合发酵为主。近年来出现了以合成生物学先进技术为基础的联合生物加工发酵技术。目前70%以上的厨余垃圾资源化利用项目采用生物转换方法，生产生物柴油、沼气、乙醇、土壤改良剂、生物蛋白等产品。中、小规模项目可采用沤肥、堆肥等生物转换方法将厨余垃圾转换成土壤改良剂或有机肥就地就近消纳。更小规模的厨余垃圾就地就近处理可采用动物转换方法，如通过蚯蚓、黑水虻等动物将厨余垃圾转换成动物营养质和动物粪便，再合理处置动物及其粪便。厨余垃圾资源化利用项目较少采用物理化学转换方法，主要是成本较高，但不排除利用太阳能进行垃圾转换的方式成为未来的发展趋势。

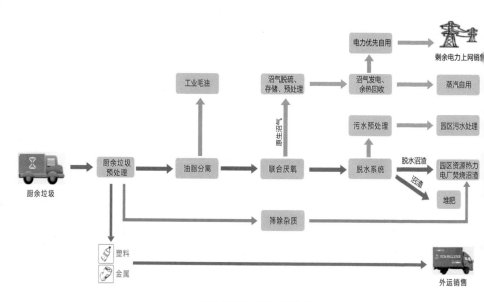

厨余垃圾处理工艺流程

（六）其他垃圾去焚烧

1. 其他垃圾收集

（1）其他垃圾，是指除可回收物、有害垃圾、厨余垃圾以外的生活垃圾，如污损的纸张及纸盒、胶贴纸、蜡纸、传真纸、污损的保鲜膜、软胶管、被污染的餐盒、垃圾袋、镜子等有镀层

的玻璃制品、无纺布、拖把抹布、旧毛巾、内衣裤、一次性干电
池、锌锰电池、无汞纽扣电池、充电宝、碱性电池、LED灯、动
物筒骨及头骨、粽子叶、玉米棒、玉米衣、蚌壳、花生壳、牙签
牙线、猫砂、宠物粪便、烟头、破损鞋类、干燥剂、废弃化妆
品、毛发、破损碗碟、破损花瓶、创可贴、眼镜、木竹餐具、木
竹砧板、土培植物、清扫的灰土等。

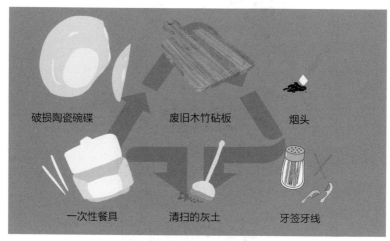

破损陶瓷碗碟 　　废旧木竹砧板 　　烟头

一次性餐具 　　清扫的灰土 　　牙签牙线

其他垃圾投放桶

（2）投放方式：在家设立其他垃圾分类收集容器。

（3）收集方式：将其他垃圾投入灰色的其他垃圾收集容
器。家庭装修垃圾不属于生活垃圾，需要付费清运处理。

2. 其他垃圾处理

其他垃圾的处理方式有填埋和焚烧，其相关原理介绍、优
点、缺点如下所示。

其他垃圾的处理方式

处理方式	介绍	优点	缺点
填埋	将垃圾填入洼地或者大坑中，用防渗材料将地面与垃圾接触部位隔绝开	技术可靠，操作管理简单，处理量大，对垃圾成分没有严格要求，投资运营成本较低	土地占有量大，填埋场发生环境污染风险大，填埋场容易产生甲烷等气体，生活垃圾多年后矿化处理更困难
焚烧	通过适当的热分解、燃烧、熔融等反应，垃圾经过高温下的氧化作用减容，成为残渣或者熔融固体物质	占地面积小，病原体消灭彻底，垃圾可资源化和减量化，可实现能量回收利用，可全天候操作，受天气影响小	对设备要求较高，项目投资大，回收周期长，若操作管理不善可能会有二次污染

处理其他垃圾最好的方式是焚烧。垃圾焚烧是在受控的条件下，使垃圾充分燃烧，达到无害化要求，同时减小垃圾体积，燃烧过程中产生的大量热量还可用来发电。生活垃圾湿基低位热值达到5 000千焦/千克，在焚烧处理时不需要添加辅助燃料即可实现垃圾自主燃烧。如果低于此标准，需要根据炉温情况添加辅助燃料。

其他垃圾焚烧处理

　　"十三五"期间，全国共建成生活垃圾焚烧厂254座，累计在运行生活垃圾焚烧厂超过500座，焚烧设施处理能力达58万吨/日。全国城镇生活垃圾焚烧处理率约45%，初步形成了新增处理能力以焚烧为主的垃圾处理发展格局。生活垃圾焚烧处理行业专项整治成效显著，2020年全国垃圾焚烧厂颗粒物、二氧化硫、氮氧化物、氯化氢排放日均值达标率为100%。全国约50%的城市（含地级市和县级市）尚未建成焚烧设施。东南沿海城市焚烧处理率超过60%，中西部地区焚烧处理率不到50%，特别是西部地区人口稀疏、位置偏远，受经济条件、人口数量、运输条件等限制，尚未探索出与当地经济发展水平相适应的成熟高效、经济适用的焚烧处理模式。

　　广州市正在运营的焚烧厂包括：李坑第一资源热力电厂（一分厂、二分厂）、第三资源热力电厂、南沙第四资源热力电厂、花都第五资源热力电厂、增城第六资源热力电厂、从化第七资源热力电厂等。目前，随着各资源热力电厂二期项目逐步投入运行，截至2022年8月，广州市生活垃圾焚烧处理能力达到3.3万吨/日，成为全国首个实现原生垃圾"零填埋"的超大城市。

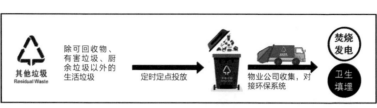

其他垃圾焚烧、定时定点投放与收集处理

三、减少垃圾，
从我做起

减少垃圾，从我做起

（一）垃圾少排放

倡导简约适度、绿色低碳的生活方式，反对奢侈浪费和不合理消费，促进人与自然和谐共生，需要在空间格局、产业结构、生产方式、生活方式的全过程中进行垃圾减排，更需要每个人参与其中，共同努力。

1. 企业生产阶段，节能环保少排放

鼓励企业采用节能环保、科学高效的机械设备和工艺流程。在产品制造过程中，从产品设计、产品制造包装等方面均鼓励企业使用对环境友好的材料，并采用"绿色包装"等方式实现工业垃圾的源头削减。

企业在产品制造过程中减少垃圾排放，节约资源

2. 产品使用阶段，爱惜物品少排放

在产品使用阶段，消费者可以通过减少使用一次性用品和品质低、使用寿命短的产品来达到从源头削减生活垃圾产生量的目的。在生活中爱惜物品，尽量减少不必要的浪费。

消费者实行"光盘行动"

外出就餐，吃多少，点多少，提倡光盘行动。

少买不必要的服饰和鞋履。

避免物品过度包装。

购物时，用布袋和菜篮子替代塑料袋。

使用菜篮子替代塑料袋

用玻璃器皿、可降解塑料袋、不锈钢餐盒等储存食物，减少使用不可降解塑料袋和塑料容器。

外出就餐自带餐具，减少使用一次性餐具。

3. 产品废弃阶段，旧物再用少排放

在产品废弃阶段，消费者可以通过捐赠、交换旧物等形式实现旧物再利用，也可以通过源头分类减少生活垃圾清运量和最终处置量，提高可回收物的回收利用率。

 （二）垃圾巧利用

家里难免堆积一些有价值但又用不上的东西，除了交换、捐赠、丢弃之外，我们还能干什么呢？其实只要稍微动动脑筋、动动手，家里的这些"垃圾"就可以摇身一变，重新找到用武之地。巧妙利用生活中的"垃圾"，体会自己劳动后的成就感和满足感吧。

1. 旧衣大改造

（1）废弃旧衣变抱枕。

材料：一件舒适的旧衣服、剪刀和枕头芯。

做法：①将枕芯放在选好的旧衣物上确定剪裁大小，并在枕芯四角处各剪一个小口。

②将衣物四边剪成流苏状，一定要注意枕芯的尺寸与衣物大小匹配。

③将枕芯放在裁剪好的衣物中间，再把上下层的衣物流苏绑起来，一个舒适又漂亮的流苏抱枕就做好了。

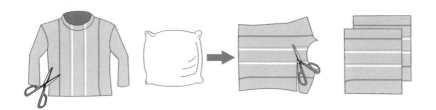

废弃旧衣变抱枕步骤

（2）淘汰衬衫变围裙。

材料：一件旧衬衫、针线、剪刀、笔。

做法：①用剪刀将衬衫的后半身及衣袖剪掉。

②将衬衫的前半身对折，用笔画出要剪掉的部分，沿着线剪掉多余部分，并用针线锁边。

③从剪下的衬衫后半身上剪两条一样宽的长布条，并将长布条边缘缝合。

④用针线将长布条缝在前半身衣服的两侧，一件围裙就做好了。

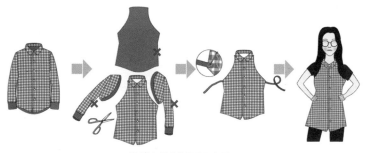

淘汰衬衫变围裙步骤

2. 废奶粉罐大变身

（1）废奶粉罐变绿植插花桶。

材料：罐子（塑料罐/铁罐）、白纸片、铁丝、黑白丙烯颜料、白乳胶、水粉笔、勾线笔、蕨类植物、钳子、剪刀、橡皮章。

做法：①按照罐子底部的周长和高，剪出同等面积的纸片，纸片可选用铜版纸或包装纸，将罐子包好，包完后用水粉笔蘸取白色丙烯颜料将罐口刷白。

②在纸片上选择合适的位置，印上喜欢的橡皮章，如果没有现成的橡皮章，可以选择刻一个，或者直接用勾线笔蘸取黑色丙烯颜料在纸片上绘出喜欢的图案。也可以将铁罐或者塑料罐的罐身全部刷上白色丙烯颜料，再将喜欢的蕨类植物剪成小段，用白乳胶不规则地粘在罐身做装饰。

③用更厚的白乳胶均匀地刷满罐子的全身，也可以只刷在粘贴蕨类植物的地方，刷到你认为合适的朦胧度。

④用钳子将铁丝绕在罐子颈部凹陷处，留出空余位置，接着用铁丝将手提把绕上，若铁丝不是黑色的，可以用黑色丙烯颜料将铁丝涂黑。如果你喜欢，还可以在铁丝中间加上一个木头把手。

⑤将事先准备好的蕨类植物放进罐子里，漂亮的插花桶就做好啦！

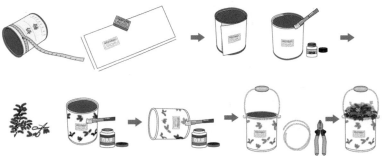

废奶粉罐变绿植插花桶步骤

（2）废奶粉罐变小凳。

材料：透明胶、硬纸箱、泡沫包装膜、旧衣物、裁纸刀、针线、珍珠棉、海绵、3个奶粉罐。

做法：①将硬纸箱裁剪成长方形，宽度与奶粉罐高相同，长度刚好可以包围3个奶粉罐。

②将3个奶粉罐排列成三角形，用透明胶将3个奶粉罐固定住。

③再用硬纸箱将3个奶粉罐包围，并用透明胶固定。

④泡沫包装膜按照硬纸箱的裁剪办法裁剪，完成后将3个奶粉罐包裹一层，用透明胶固定。

⑤用旧衣服、海绵和珍珠棉包裹住奶粉罐，并用针线缝好，一个舒服的小凳子就做好了。

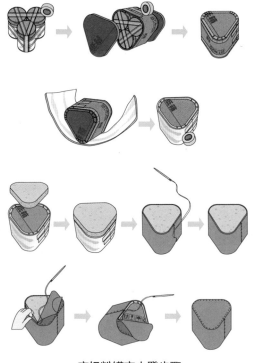

废奶粉罐变小凳步骤

（三）生活垃圾分类实践

1. 社区生活垃圾分类指引

社区里容纳了每家每户日常生活中的垃圾，我们在家里做好生活垃圾分类之后，社区会对每个家庭产生的生活垃圾进行后续的分类处理。

社区是我家，干净靠大家。我们不仅要自己坚持做好生活垃圾分类，也要积极成为垃圾分类志愿者，带动亲朋好友、街坊邻居正确进行生活垃圾的分类与投放，配合社区垃圾分类工作，主动参与宣传活动。

需要特别注意的是，装饰垃圾属于建筑垃圾，不进入垃圾分类系统。因为装修垃圾和生活垃圾不同，不能与生活垃圾混合，具体堆放位置可咨询各社区物业。

2. 家庭生活垃圾分类指引

（1）园艺篇。

骨科类利用：各类骨头、海鲜壳、鸡蛋壳是磷肥、氮肥的重要来源，可以制成碎片或粉末状埋在花盆里，动物内脏可以直接埋在土壤中，肥效超长。

淘米水利用：淘米水呈弱酸性，pH值为5.5～6，含有一定的淀粉、蛋白质、维生素等养分，可以作饲料喂养家禽家畜，用作洗脸水护肤，作为洗涤剂擦洗门窗、家具、炊具，作为肥料浇灌植物。

茶叶、咖啡残渣利用：茶叶残渣可埋在盆栽土壤中堆肥。泡过的茶包与咖啡包具有吸附性，可以用于清洗油腻的餐具、水槽，还可以除去异味或用作肥料。

（2）去污篇。

果皮菜叶利用：烂掉的菜叶根系加入堆肥中，能够促进植物快速生长。橘子皮、橙子皮、柠檬皮可以放入冰箱，除菌去臭。梨皮煮过后可以用来擦拭满是油渍和污垢的物品。香蕉皮可用来擦拭皮制物品，保持皮制物品的光泽并延长其使用寿命。

（3）宠物篇。

可回收物：实木质或纸质猫抓板，洗干净的宠物用品包装袋、包装盒、罐子等，清洗晾干后的宠物衣物等。

其他垃圾：猫砂、宠物粪便、宠物食品塑料包装袋、打碎的宠物用器皿、宠物用过的湿巾和纸巾、宠物用尿垫、猫砂盆、逗猫棒、干燥剂、非木质猫抓板、猫毛、狗毛等。

厨余垃圾：各类宠物食品，如宠物饼干、罐头、猫粮、狗粮、过期宠物食物等，需要注意的是，处理这些物品时需要先将其从包装中倒出来，而它们的包装袋需要根据材质另外分类处理。

有害垃圾：如宠物消毒剂及其管体，电子宠物用的镍镉电池等。

3. 办公生活垃圾分类指引

可回收物：废弃纸张、文件夹、档案盒、塑料笔筒、起钉器、订书机、剪刀、美工刀、台历、公文包、废旧电子产品、废旧塑料瓶、干净的塑料餐盒等。

其他垃圾：圆珠笔、铅笔、橡皮、尺子、印泥、透明胶、胶水、回形针、订书钉、便利贴、修正液、修正带，普通干电池，污损的一次性餐盒，复写纸、压敏纸、收据、餐巾纸等受污染且不可再利用的纸张。

厨余垃圾：茶渣、瓜果皮核、鲜花等。

有害垃圾：镍镉电池、紫外线消毒灯、节能灯、消毒剂、废荧光灯管等。

4. 户外出行生活垃圾分类指引

（1）户外或景区。

可回收物：废旧门票、手册、地图、塑料玩具、旧相机、空塑料瓶、纸袋等。

其他垃圾：污损的一次性餐具、塑料盒、吸管、零食包装袋、一次性雨衣、空方便面桶、烟蒂、烟灰、纸尿裤、纸巾、口香糖、大棒骨、创可贴等。

厨余垃圾：瓜果皮核、饼干、奶茶珍珠颗粒、薯片、碎骨头、蛋壳、宠物饲料等。

（2）酒店内。

可回收物：包装盒、纸质卡片、空矿泉水瓶等。

其他垃圾：一次性洗漱用具、棉签、浴帽、空茶包袋等。

厨余垃圾：水果残渣、食物残渣、茶叶残渣等。

（3）户外出行我们应该怎么做？

在公共场所和户外景区，我们要做到不随意丢弃垃圾，将路上他人随意丢弃的垃圾捡起并投放至正确的垃圾箱中。尽量减少厨余垃圾的产生。将厨余垃圾随手带走，等到有厨余垃圾收集容器时再进行投放；减少购买不必要的物品；减少一次性餐具、物品的使用。

我们在做好垃圾分类的同时，应从源头上减少对环境的污染，将文明旅游与垃圾分类有机结合，做文明旅行的先行者。

四、国内外垃圾分类经验介绍

（一）美国垃圾分类经验多

1885年，美国建成了世界上较早的垃圾焚烧装置；1904年，建成了世界上第1个城市生活垃圾填埋场。经过100多年的发展，其垃圾产生、回收利用、收集、处理技术完善，已经形成一种可商业化运作的产业。美国的城市生活垃圾收集，是由专门从事废物收集处理的公司承包运作。这些公司，有的只负责收集、分类和运输，有的还有自己的垃圾填埋场和堆肥场。美国居民每月要向市政管理部门交垃圾处理费，市政管理部门再与废物处理企业签订合同。现在以美国旧金山为例，介绍垃圾分类的经验。

旧金山已经取得了77%的垃圾转化率，为全美第一。这种成就得益于三管齐下的方法：颁布强有力的垃圾减排法；与志趣相投的垃圾管理企业一起创造新项目；通过激励和宣传，努力营造循环利用和堆肥的文化环境。

1. 以法律为基石

旧金山的零废弃之路始于1989年颁布的州法律——《垃圾管理一体化法案》，该法律要求城镇生活垃圾转化率在1995年之前达到25%，在2000年前达到50%。旧金山在此要求的基础上，连续出台了一系列制度。2001年，旧金山在全市收集厨余垃圾进行堆肥。2002年，旧金山地方议会确定到2012年垃圾转化率需达到75%，在2020年之前实现垃圾末端处理量为零的目标。旧金山不断通过立法督促城市、社区居民和商家提高回收利用率，先后颁布了《建筑和拆除垃圾回收再利用条例》《餐饮行业垃圾减量条例》等。所有法律条款授权环保局面向每一个家庭和企业来实施这些措施，如有必要还可以强制执行。

2. 与垃圾管理企业一起创造新项目

旧金山市政部门和负责垃圾收运的公司携手，推出了强有力的垃圾收集和定价方案，以此作为对立法的补充。旧金山市政部门负责监督、政策研发、扩展服务以及对技术与实践的调研，收运公司则负责开发、测试和运行可用于可回收物、可堆肥物等的基础设施。

旧金山现行的垃圾回收体系——"神奇三桶"。"神奇三桶"始于1999年，使用黑色、蓝色和绿色的手推桶来分类收集不可回收物、可回收物和可堆肥物。该体系于2003年起全面推行，商家和社区居民先进行垃圾源头分类，之后垃圾车分类收集不可回收物、可回收物和可堆肥物。此项目的实施率先提高了美国有机垃圾收集和堆肥的比例。

旧金山现行垃圾回收体系——"神奇三桶"

3. 零废弃管理和宣传

旧金山通过管理和宣传转变了社区居民的思维、习惯和文化认识，使其接受了零废弃的目标。该市环保局的零废弃处有11名工作人员，各自负责垃圾管理的不同部分；宣传处有20名工作人员，负责进行环保宣传；此外，还有1个部门专门负责有害垃圾的减量工作。

旧金山环保局的成功部分归功于源源不断的资金，资金来自垃圾收集服务费。零废弃项目的整体预算大约每年700万美元，垃圾收运公司收取垃圾服务费，并且将钱定期存入一个账号以支付这笔开销。

4. 未来目标与零废弃城市建设

2010年，旧金山人均日垃圾产生量为1.7千克，其中有77%被回收利用。市政部门评估后发现，未被回收利用的垃圾中还有75%是可回收利用的，一旦回收了这部分垃圾，回收利用率即可超过90%。环保局一方面争取让最后20%的大型多住户公寓和商户开始进行垃圾分类，另一方面把目光聚焦于一个干湿垃圾能自动分类的新项目。这个项目需建设低温工作的机械和生物分离厂。通过独特的综合管理方式，旧金山正在向零废弃城市方向努力。

 （二）德国垃圾分类法规严

德国自1904年开始实施垃圾分类，至今已走过100多年。现在，垃圾分类的理念早已深植于德国人民的心中，成为当地人的生活习惯。德国生活垃圾分类回收处理水平居世界前列，经济和社会效益明显。

1. 制定严格的垃圾分类法规

德国垃圾分类工作首先从立法开始，政府制定了一套严格的处罚规定，并设有"环境警察"。1972年，德国通过了首部《废物避免产生和废物管理法》，开始对垃圾进行系统性的有效处理。

2. 完善的垃圾分类体系

（1）从收集源头上进行垃圾分类。

德国垃圾分类类别划分非常细，不是简单地分为生活垃圾、工业垃圾、医疗垃圾、建筑垃圾、危险废物，而是分为纸、玻璃（棕色、绿色、白色）、有机垃圾（厨余果蔬、花园垃圾等）、废旧电池、废旧油漆桶、塑料包装材料、建筑垃圾、大件垃圾（大件家具）等。

（2）普通生活垃圾的收集体系。

一般在居民家中，都设有有机垃圾收集桶和剩余垃圾收集桶，每桶剩余垃圾的收集价格要高于有机垃圾的价格。各户居民可根据自己产生的垃圾量，确定所需垃圾桶的大小，桶的大小不同，所交费用也不同，城市环卫局会定期上门收取和清空垃圾桶。居民小区设有纸、玻璃和塑料等的收集桶，居民需把废纸、玻璃瓶等投放到小区分类垃圾收集桶中。

（3）大件垃圾、废旧电器、危险废物等的收集体系。

大件垃圾、废旧电器、危险废物等有专门的回收点，并分布在市区的不同地方。居民可将大件垃圾、废旧电器、危险废物送至回收点，进行免费回收。所有的企业都要对自己产生的垃圾付费。

空调　　洗衣机　　电视机　　冰箱　　　　沙发

大件垃圾

（4）垃圾分类处理实现闭合循环系统管理。

闭合循环系统管理是德国垃圾处理系统的一大特色。在生产和消费过程中，任何生产商和经销商必须对产品流通过程中产生的垃圾进行严格的预处理并进行分类，政府负责定期收运，将可回收的垃圾进行循环和再利用，最后将剩余的无法被回收利用的垃圾进行无害化处理。整个垃圾处理的流程呈现为一个闭合的循环圈。

（5）建立完善的垃圾收集处理产业体系。

德国已经建立了完整的垃圾处理产业体系，包括工程师、工人、公务员等不同职业。而且，该产业体系每年的营业额高达500亿欧元，约占全国经济产出的1.5%。

 （三）日本垃圾分类规定细

日本从20世纪70年代就开始实行垃圾分类回收，如今已经成为世界上垃圾分类回收做得最好的国家之一。垃圾分类投放成为日本民众的一种自觉行为，即使没人监督也会严格执行。

1. 完整的垃圾分类法律体系

（1）法律法规完善。

日本有关垃圾分类的法律既有各自的针对性，又相互关联、相互制约。20世纪70年代，日本通过了《废弃物处理及清扫法》，1986年又颁布了《空气污染控制法》，对焚烧城市生活垃圾的设施做出具体规定。20世纪90年代，日本提出了"环境立国"口号，为了实现"零排放"的"循环型社会"的理想，集中制定了一系列法律法规。

（2）政策详尽。

日本加强以资源循环利用为核心的法律体系建设，为城市生活垃圾的循环利用提供有效法律保障。日本注重生活垃圾的分类回收，其生活垃圾分类标准详尽、细致，并通过建立分类回收制度、完善法律法规及建立分类回收设施等途径，实施生活垃圾分类回收。

2. 严格细致的生活垃圾分类要求

日本政府对城市生活垃圾有严格的分类要求，每个家庭都有一本关于生活垃圾分类的小册子，详细说明生活垃圾怎样分类和何时回收。

由于各地的生活垃圾处置方式不同，不同城市的生活垃圾分类略有差别，但总体上大同小异，通常日本将城市生活垃圾分成四类：资源垃圾、不可燃性垃圾、可燃性垃圾和大件垃圾。其下又细分出多类。

（1）资源垃圾。

①瓶罐类。

装过饮料、食物、调料的各类瓶子都是瓶罐垃圾。瓶罐垃圾不能直接扔掉，要将瓶子上的标签纸去掉，瓶盖拧下来，瓶盖和瓶子需单独分类。金属的瓶盖属于不可燃性垃圾，塑料瓶盖则是可燃性垃圾。

扔瓶罐垃圾的过程：①喝光或倒光；②简单水洗；③去掉瓶盖，撕掉标签；④踩扁或置于相应收集筐内。

根据各地的垃圾收集规定，人们应在"资源垃圾日"将瓶罐垃圾拿到指定地点，或者投到商场、便利店设置的塑料瓶回收箱内。

②塑料包装。

方便面盒、快餐盒、保鲜膜、塑料袋、洗浴用品的瓶子等塑料包装，洗净后再分类投放。

③报纸、纸箱等纸类。

在日本随处可见再生纸，报

可回收的瓶罐

可回收的废纸

纸在回收时要叠放整齐捆成十字形，纸箱要拆开压扁，用绳子捆好后投放。

（2）不可燃性垃圾。

玻璃陶罐、小型家电、锅碗瓢盆都属于此类。

（3）可燃性垃圾。

基本可燃物都属于此类。厨余垃圾算作可燃性垃圾，卫生纸也是可燃性垃圾，但后者扔之前须用黑袋子装起来，再装入相应的垃圾袋中。

可燃性垃圾和不可燃性垃圾

（4）大件垃圾。

大件垃圾是指大型家具、电器，废自行车等垃圾。处理这些垃圾时，需要打电话到大件垃圾受理中心，然后买一张大型垃圾张贴券，贴好以后才能送到指定地点。

3. 垃圾处理技术先进。

日本生活垃圾的主要处理方式是焚烧，日本拥有世界上最多的垃圾焚烧厂，最多时有6 000多座。

（1）焚烧。

日本生活垃圾在焚烧之前都做了高度分类。一般来说，进入焚烧厂的生活垃圾，基本上是可燃性生活垃圾中热值高的。在生活垃圾焚烧过程中产生的二次污染物，日本焚烧厂采取了多种措施来减少其对环境产生的影响。

（2）填埋。

填埋主要用于处理城市生活垃圾处置后的剩余物，填埋采用"三明治"式施工，即每3米厚的生活垃圾上盖上一层50厘米厚的覆土。生活垃圾场的渗滤液要通过沉淀法、活性炭吸附法等进行处理，再输送到水处理中心进行处理。

 （四）中国垃圾分类劲头足

为深入贯彻习近平生态文明思想，改善城镇生态环境，保障人民健康，我国自党的十八大以来，一直致力于稳步推进生活垃圾分类，积极开展分类投放、分类收集、分类运输和分类处理设施建设。"十三五"期间，全国新建垃圾无害化处理设施500多座，城镇生活垃圾设施处理能力超过127万吨/日，生活垃圾无害化处理率达到99.2%，全国城市和县城生活垃圾基本实现无害化处理，全国城镇生活垃圾焚烧处理率约为45%，初步形成了新增处理能力是以焚烧为主的垃圾处理发展格局。在46个重点城市开展生活垃圾分类先行先试、示范引导，居民小区生活垃圾分类覆盖率达到86.6%，基本建成了生活垃圾分类投放、分类收集、分类运输、分类处理系统，探索出一套可复制、可推广的生活垃圾分类模式和经验。我国《"十四五"城镇生活垃圾分类和处理设施发展规划》中明确提出，到2025年底，全国城市生活垃圾资源化利用率达到60%左右，全国城镇生活垃圾焚烧处理能力达到80万吨/日左右，城市生活垃圾焚烧处理能力占比65%左右。我国垃圾分类的工作任重而道远，下面将以广州市和上海市为例，简单介绍我国在垃圾处理工作中所做出的努力。

1. 广州

以广州市为例，目前广州市城市管理人口超过2 000万，日产生活垃圾超过3万吨，且每年仍以6%～8%的幅度在增长，生活垃圾处理压力巨大。但广州在长期的实践中已探索出一套行之有效的垃圾处理方式。

（1）注重体系化建设。

作为全国46个先行试点城市，广州率先出台第一部城市生活垃圾分类管理的地方政府规章，构建了垃圾分类管理体系架构；编制了《广州市生活垃圾分类管理条例》，为强制分类提供法制保障；提出"全链条提升、全方位覆盖、全社会参与"的目标要求，在全市范围统一实行楼道撤桶，定时定点分类投放，举全市之力突破垃圾分类瓶颈。

经过多年的探索实践，广州形成了党委统一领导、党政齐抓共管、部门协同推进的组织管理体系，市、区、镇街、社区四级联席会议统筹和基层党组织、居民委员会、业主委员会、物业服务单位、志愿者"五位一体"联动的工作运行体系，政策法规、标准规范、成效评价、指南指引的技术操作体系，入户宣讲+社会发动+科普培训+志愿引导+新闻传播的宣传动员体系。

（2）推动基层治理。

强化党建引领，创造性提出社区党组织开展垃圾分类"十二步工作法"。推动基层治理，以垃圾分类为突破口，构建起"纵向到底、横向到边、共建共治共享"的社区治理体系。助力城乡发展，注重城乡统筹、以城带乡、因地制宜，持续深入推进城乡垃圾分类工作。目前，全市1 145个行政村实现生活垃圾分类全覆盖，农村生活垃圾分类减量比例达到43.9%，为美丽乡村建设注入新动能。

（3）凝聚社会力量。

主题活动大动员，组建讲师团深入机关、街镇、社区、农户传播生活垃圾分类文明理念。学校教育全覆盖，将垃圾分类知识教育作为全市3 400余所学校200多万名学生的"开学第一课"，实现知识普及全覆盖。公共机构走前列，深入推进党政机关、企事业单位"绿色办公"专项行动。

（4）终端设施建设。

处理能力充足，高位规划、前瞻布局，适度超前规划建设循环经济产业园，以组团的形式集中打造成固废处理、资源共享、设施共用的绿色低碳环保园区，已建成运行生活垃圾处理设施14座，全年生活垃圾无害化处理量约800万吨、无害化处理率接近

100%，基本实现原生生活垃圾零填埋。

广州市福山循环经济产业园

（5）提升服务管理效能。

聚焦难点问题整治，改善人居环境品质，按照"建设品质化、管理精细化、服务精心化"要求，打造2 500个生活垃圾分类星级投放点。提升服务管理效能，建立区、街镇、村居、责任人等生活垃圾分类基础信息管理台账，涵盖投放、收集、运输、处理各个环节，实时客观掌握第一手资料和数据，进一步提高城市智慧化、精细化管理水平。

2. 上海

（1）制定条例，严格管理。

上海市于2019年7月1日起施行《上海市生活垃圾管理条例》（以下简称"条例"），其中包括强制分类、定时定点、混投罚款等措施。上海实施的垃圾分类措施中，最大的特点是"全面从严"，全领域、全过程，不留死角，形成了一个较为完善的前端、中端、末端系统，这主要包括六大方面：政策系统、基层职责系统、志愿者管理系统、环卫收运系统、协调系统、后端处置系统。要保证整个系统合理、高效地运转，一方面依赖于政府的决心和策略、财政拨款的支持，另一方面依赖于便民措施、体制创新。在政策系统层面，推行"两网融合"，即"再生资源回收体系"与"生活垃圾分类收运体系"的融合，在促进资源增量和垃圾减量方面成效明显。

（2）宣传与查处并举。

从2000年至2022年，上海试水生活垃圾分类回收已有22年，具备了一定的群众和社会基础，广大市民的生态环境意识得到广泛提升，市民对垃圾分类的正确参与率达到了90%以上，远超预期。

上海提倡充分用好媒体的作用，对典型案例进行曝光，发挥好社会监督作用。在环卫收运系统，除了出台相关处罚规定外，上海还设置了"不分类、不收运、不处置"机制，即收运、处置单位对不符合分类标准的生活垃圾，可以拒绝接收。

（3）分类与收集并举。

上海在生活垃圾分类回收中运用大数据让生活垃圾分类数据化、可视化，让生活垃圾分类、收集和处置具有互动性，大大促进和推动了生活垃圾分类工作的开展，这种做法值得学习推广。全程跟踪生活垃圾分类信息，实时反映垃圾数量、分类质量、生产调度等数据，为城市垃圾分类精细化管理提供了基础。

（4）减量与分类并举。

在生活垃圾分类工作中，减量化是最直接、最有效的手段。在上海，有关部门开始倡导在外卖送餐时明确标注菜品重量，从源头减少浪费。在餐具的配送上可供选择，据统计，约30%的顾客在点外卖时勾选了"不要配送餐具"的选项。